# Der Trass,

seine

## Entstehung, Gewinnung und Bedeutung

im

## Dienste der Technik.

Vortrag mit Demonstrationen von Lichtbildern

von

Anton Hambloch,

Andernach

gehalten im Mittelrheinischen Bezirksverein des Vereins Deutscher Ingenieure in Koblenz am 2. Februar 1909.

*Mit 12 in den Text gedruckten Abbildungen.*

1909.

Verlagsbuchhandlung von Julius Springer in Berlin.

ISBN-13:978-3-642-89792-4 e-ISBN-13:978-3-642-91649-6
DOI:10.1007/978-3-642-91649-6

Meine Herren! Ich bin mit Vergnügen der Einladung Ihres Herrn Vorsitzenden gefolgt, vor Ihnen heute einen Vortrag über den Traß, seine Entstehung, Gewinnung und Bedeutung im Dienste der Technik zu halten. Die Aufgabe habe ich um so lieber übernommen, als trotz der großen Wertschätzung dieses Produktes und seiner umfassenden Verwendung seitens der bauenden Ingenieure, immer noch über viele Punkte manche Unklarheiten und auch Meinungsverschiedenheiten obwalten. Insbesondere trifft dies zu bezüglich der Entstehung des Trasses und der Herkunft seines Namens.

Das Wort Traß ist im eigentlichen Sinne als eine vulgäre Bezeichnung für alle vulkanischen Auswurfsmassen anzusehen, welche vorwiegend trachytischen Magmen entstammen, und welche sich insonderheit zur Herstellung hydraulischer Mörtel eignen. In der Technologie der Mörtel gehört der Traß zur Gattung der natürlichen Pozzuolane, nach dem italienischen Fundorte Pozzuoli bei Neapel, wo ähnliche Vorkommen auftreten, so benannt.* Eine analoge Gattungsbezeichnung einer verwandten Spezies ist der Peperin als Tuff der Leucitite und Leucitbasalte, welcher in mächtigen Lagern im Albaner Gebirge vorkommt.

* Künstliche Pozzuolane sind basische und saure Hochofenschlacken, gebrannte Tone, Ziegelmehl, Wasserglas, Si-Stoff (Abfallprodukt der Alaunfabrikation) u. a.

Für uns in Deutschland kommen heute als Traßfundstätten vornehmlich nur diejenigen in der Vordereifel und zwar in den Territorien der Laacher See-Vulkane (Nette- und Brohltal) in Betracht. Im Nettetal sind zwar die Ablagerungen sehr mächtig, dennoch sind dieselben auf bestimmte Fundstellen beschränkt. Das feste Tuffgestein im Brohltal ist heutzutage nahezu ausgebeutet.

In jüngster Zeit sind indes Bestrebungen hervorragender Männer in Bayern bekannt geworden, welche den Tuff des bayrischen Rieses zum Leben erwecken, bezw. gleichfalls als Traß nach dem Vorbilde des rheinischen verwenden wollen.* Diese Riestuffe sind Trockentuffe und gehören geologisch einer anderen Bildung an. Das Riestuffvorkommen tritt inmitten jurassischer Gesteine auf; es sind Rhyolithtuffe (Quarztrachyttuffe). Sofern sich die Brauchbarkeit auch dieser Tuffart, natürlich an Hand ausgedehnter und längerer Versuche, unter Beobachtung der verschiedensten Verhältnisse, erweisen sollte, so könnte dies für die Anerkennung des Trasses nur nützlich sein, dadurch, daß derselbe dann eine noch allgemeinere Benutzung wie bisher als Mörtelbildner fände.

In mineralogischer Beziehung gehört der Traß, den ich kurzweg als rheinischen Traß bezeichnen möchte, zu den Trachyt-Bimssteintuffen. Es sind dies Zementierungsprodukte vulkanischer Aschen, zusammengesetzt aus Aggregaten von Bimssteinen, teilweise auch zerriebenen Teilchen

* Nach Überlieferungen hat man übrigens bereits im 18. Jahrhundert den Riestuff verschiedentlich als Traßmaterial benutzt; auch sollen Traßmühlen dafür schon zu früherer Zeit im Vorries bestanden haben.

nebst Brocken von Trachyt, ferner Fragmenten von Grauwacke, glasigem Feldspat (Sanadin) Glimmer, Augit, Hornblende, Titanit usw. In dieser Zusammensetzung erweist sich eben durchweg der trachytische Charakter dieses Minerals.

Als eine Normalanalyse des Trasses in chemischer Beziehung können folgende Ziffern gelten:

| | | |
|---|---|---|
| $SiO_2$ | ca. | 58 % |
| $Al_2O_3$ | „ | 15 % |
| $Fe_2O_3$ | „ | 3 % |
| $FeO$ | „ | 1 % |
| $TiO_2$ | „ | 0,5 % |
| $CaO$ | „ | 2 % |
| $MgO$ | „ | 1,4 % |
| $K_2O$ | „ | 4,5 % |
| $Na_2O$ | „ | 4,8 % |

Spuren von $PO_4H_3$ und $H_2SO_4$

Rest Wasser; (mechanisch und chemisch gebundenes).

Vollständig verschieden von dem Trasse sind die gleichfalls in seinem Gebiete in großen Mengen auftretenden Leucittuffe. Diese Tuffarten, welche auch unter den Sammelnamen bekannt sind Weiberstein, Riedenerstein, Bellerstein (nach den betreffenden Orten so charakterisiert) gehören zur Gattung der Phonolithtuffe, genauer der Leucit-Phonolithtuffe. Sie haben mit dem hydraulischen Tuffstein (Traß), in welchem das Mineral Leucit vollständig fehlt, nur die Tuffstruktur gemein. Zur Herstellung von Bau- und Bildsteinen sind diese Leucittuffe wegen ihrer leichten Bearbeitungsweise sehr geschätzt; desgleichen wegen ihrer hohen Widerstandsfähigkeit gegen Feuer, z. B. die Beller Backofensteine. Zur Bereitung hydraulischer Mörtel aber sind solche gänzlich ungeeignet. Über die Grundverschiedenheit beider Produkte, Traß und Leucit-Phonolithtuff kann ich mich übrigens auf meine Abhandlung „Der Leucittuff von Bell" vom Jahre 1904, beziehen, worin ich dafür einen überzeugenden Nachweis geführt habe.

Die Entstehung des Trasses hat viele Jahre hindurch unsere Geologen zu lebhaftestem Meinungsaustausch veranlaßt. Während sich die einen zu der Ansicht bekannten, der Traß verdanke seine Genesis einer Spaltlava, die in glutflüssigem Zustande aus dem Innern der Erde hervorgequollen sei, und sich dann in die Niederungen, bezw. Täler ergossen hätte, vertraten die anderen den Standpunkt, daß es sich um den Absatz der Aschenmassen durch äolischen Transport handele, und die dann später unter gleichzeitiger Mitwirkung von Wasser durch Kondensation der bei den Explosionen aufgetretenen Wasserdämpfe zu Stein verfestigt wurden. Ich selbst habe durch längeres Studium der Geologie der so sehr interessanten Gebiete der Eifel dieser Entstehungsfrage des Trasses besondere Aufmerksamkeit zugewendet und neige nun zu der Ansicht, daß der Traß tatsächlich das Produkt vulkanischer Aschen ist, welche aus der Luft gekommen sind. Diese setzten sich dann mit Hilfe des Wassers ab und bildeten infolge tausendjähriger hydrochemischer Prozesse die Gesteinsart, wie wir heute den Traßstein, oder wie es richtiger ist, Tuffstein kennen. Eine Bestätigung für diese Annahme in der Entstehung des Trasses können wir auch mit Sicherheit in den Forschungen des bekannten französischen Geologen Lacroix erblicken, welche derselbe aus dem traurigen Anlasse der verheerenden Vulkanität des Mont Pelée auf Martinique im Jahre 1906 anstellte. Dieser Forscher erklärt in seinem Werke „Mont Pelée", Seite 364 ff., die dort aufgetretenen Schlammströme und die dabei entstandenen Tufflaven als die Folge von absteigenden Eruptionswolken (nuées ardentes). Zu dieser Auffassung gelangte Lacroix, als er einige Monate nach der Vernichtung von Saint-Pierre — es war im Januar 1907 — beobachtete, wie eine mächtige glühende Wolkenmasse abermals dem Krater des Mont Pelée entstieg, und die sich dem Meere zuwälzte. So hatte also der französische Gelehrte die Lösung des entsetzlichen Problems, um deswegen er nach Martinique gekommen war, gefunden. Der Untergang von Pompeji und Herculanum im Jahre 79 unserer Zeitrechnung kann also auch nicht, wie wir dies bisher wenigstens für Herculanum angenommen haben, dem Auftreten von Lavaströmen zugeschrieben werden. Es sind vielmehr ungeheure Mengen von Aschen und Sanden, sowie Gesteinstücke gewesen, welche das Zerstörungswerk der beiden blühenden römischen Städte vollführten. Dies deckt sich auch vollkommen mit dem uns überlieferten Briefe, den der jüngere Plinius an Tacitus richtete von den Vorgängen des 24. August des Jahres 79 n. Chr. Hiernach erhob sich gegen 1 ¼ Uhr nachts eine pinienförmig aus dem Vesuv emporsteigende Rauchsäule, aus welcher sich ein heißer Aschenregen, untermischt mit schwerem Gestein (Lapilli und Bomben) entlud und dem Pompeji und Herculanum zum Opfer fielen. Bei dem Untergange Pompejis waren vorwiegend gewaltige Aschenregen beteiligt, die nach und nach die Stadt bedeckten, während bei Herculanum Schlammströme die Vernichtung herbeiführten.

Wir können uns den Vorgang über die Bildung unseres rheinischen Trasses etwa in folgender Weise vorstellen:

Aus dem Erdinnern drangen die mit Gasen und Wasserdämpfen übersättigten Magmen, durchbrachen das Grundgebirge, Devonische Formation, (Grauwacken und Grauwackenschiefer) und wurden durch heftige vulkanische Explosionen beim Emporschleudern vollständig zerstäubt, so, daß die staubartigen Teilchen zugleich mit den Wasserdämpfen hoch in die Lüfte emporgeschleudert wurden. In den Luftschichten fand dann eine Kondensierung der Wasserdämpfe statt. Das entstehende Wasser nahm einen großen Teil der Staubmassen auf und strömte als Schlammregen um den Krater herum zu Boden, nahm hier die bereits durch ihre größere Schwere niedergefallenen Aschenteile mit sich auf und wälzte sich so in Schlammströmen, wie bei Herculanum, den Talmulden zu, wo es zum Stehen und zum Absatz kam. Diejenigen Mengen, welche sich infolge der mangelnden Einwirkung des Wassers nicht zu Stein verfestigen konnten, überlagern den Tuffstein als trockene und lose Aschenmassen. Man bezeichnet solche als Tuffasche, wilder Traß oder Bergtraß. Die überall horizontal verlaufene Auflagerung der losen Asche ist ohne Zweifel als Anschwemmung durch Infiltration der Sickerwässer zu erklären.

Ich werde Gelegenheit haben, Ihnen an den später vorzuführenden Lichtbildern die Schichtung des Tuffsteins näher zu erläutern.

Es könnten noch mehrere Beweise für die von mir als wahrscheinlich erklärte Entstehungsursache des Trasses angeführt werden. Beispielsweise, daß nirgendwo die uns durch den Vulkanismus bekannten Lagergänge (Intrusivlager) und

Stöcke (Apophysen) bis zu einem Kraterherde, wie bei einem Lavastrom, nachweisbar sind. Ferner, daß im Trasse häufiger angekohlte und mehr oder weniger verkohlte Baumstämme und Pflanzenteile gefunden werden. Handelte es sich um glutflüssig gewesene Laven, so wären diese entweder vollends geschwunden oder doch vollständiger verbrannt. Die Hölzer füllen aber noch ihren ursprünglichen Raum in dem Gestein aus, was nach geltendem physikalischen Gesetz beim Vorhandensein von Feuer unmöglich wäre, weil dann das Volumen um ein Drittel bis fast zur Hälfte kleiner geworden sein müßte. Offenbar haben wir es hier mit einem Verkohlungsprozesse, ähnlich wie bei der Braunkohlenbildung, zu tun. Die Aschenmassen können also bei ihrem Absatze keine hohen Temperaturen mehr gehabt haben. Auch Konkretionen von Lavakrotzen und ähnliches, was auf dem Wege lag, weisen auf Schlammströme hin. Eine eingehendere Betrachtung über diese Punkte muß ich mir aber in Rücksicht auf die mir für das Thema zur Verfügung stehende Zeit versagen.

Es wird Sie gewiß interessieren, nach dem Vorhergesagten auch noch einiges über den Zeitpunkt dieser vulkanischen Tätigkeit, in welchem der Traß entstand, zu hören. Während anzunehmen ist, daß es auch heute noch Zweifler geben wird, welche den Traß als das Bildungsprodukt von Spaltlaven erklären möchten, so können wir doch über den Zeitpunkt seiner Entstehung alle nur einer Meinung sein. Die Eruptionsperiode fällt in das Ende der Tertiärzeit und setzte sich in das Diluvium fort. Es kann also angenommen werden, daß der Mensch bereits Zeuge der Erhebungen gewesen ist. Nämlich an denjenigen Stellen, wo die vereinzelt das Devon überlagernde miocäne Braunkohle auftritt, ist solche von den vulkanischen Produkten teils durchsetzt, teils bedeckt. Einen noch vollgültigeren Beweis aber haben wir für die Tätigkeit der Laacher Vulkane im Quartär in der Wechsellagerung des Trasses mit Löß. Wenn früher, namentlich von Historikern behauptet wurde, daß aus den Annalen des römischen Geschichtsschreibers Tacitus hervorginge, daß die rheinischen Vulkane noch in der Zeit der römischen Herrschaft am Rhein Ausbrüche gehabt hätten, so ist dem eine Richtigkeit vollends abzusprechen. Tacitus spricht zwar davon, daß im Jahre 58 n. Chr. aus der Erde ein Feuer ausgebrochen sei, welches große Verheerungen anrichtete. Fraglos kann die von Tacitus gegebene Schilderung (XIII C. 57) nur auf einen gewaltigen Heidebrand, vielleicht auch auf die Entzündung eines Braunkohlenflötzes zurückgeführt werden. Die Art, wie man dem Feuer zu Leibe rückte, was uns Tacitus auch erzählte, indem man durch Schlagen mit Stöcken und Auflegen von Kleiderlumpen die Brände löschen wollte, beweist zur Genüge, daß man hier nicht von einem vulkanischen Feuer reden kann.

Gehen wir nun zu der Erklärung der Namensbezeichnung für den Traß über. Hier hat kein guter Geist obgewaltet. Viele Jahrhunderte hindurch ist den Holländern das Verdienst zugeschrieben worden, das Wort Traß sei ihrem Sprachschatz entnommen und wäre gebildet nach Tyras oder Tiras = Kitt. Ich kann mich nicht von dem Vorwurfe frei machen, daß ich selbst in meiner ersten größeren Arbeit „Der rheinische Traß als hydraulischer Zuschlag in seiner Bedeutung für das Baugewerbe“, Andernach 1903, diesen Irrtum der holländischen Entlehnung nach einem Buche des Jesuitenpaters Dressel „Geognostisch-Geologische Skizze der Laacher Vulkangegend", Münster 1871, übernahm. Tatsächlich steht auch in einem holländischen Wörterbuche von Mieg, Bielefeld 1899, zu lesen „Tiras", s. tras. Als ich dann später, nicht überzeugt von der Richtigkeit dieser Namensherleitung aus dem Holländischen, linguistische Studien über den wahren Ursprung des Wortes Traß anstellte, war es mir

Bild 1.

eine Genugtuung, in dem Herrn Dressel einen Leidensgenossen in der Quellenangabe feststellen zu können.

Der französische Naturforscher Collini war es, der bereits im Jahre 1776 in seinem Werke: „Journal d'un voyage" Qui contient différentes observations minéralogiques etc. Mannheim 1776, page 289, chapitre XII. sich u. a. ausdrückte wie folgt:

> „Ce nom vient du mot hollandois „Tiras" qui signifie Ciment, à cause de l'emploi qu'on fait de cette production."

Woher dieser nun, und er hatte gewiß auch noch einen Gewährsmann, zu dem Lapsus linguae kam, das vermochte ich leider nicht zu ermitteln.

Die Bezeichnung Traß ist nach meinen Nachforschungen lediglich eine Umbildung des neulateinischen Wortes „terra" bezw. terras (auch tarras), jetzt übereinstimmend mit dem italienischen „terrazzo", dem französischen „terrasse" und dem englischen „tarrace"; rein etymologisch ist die Herleitung entschieden richtiger aus „terragium" nach „terram agere" (Anhäufen von Erde).

Ebenso wie der Name Traß ist auch die Bezeichnung für den rohen Stein, Tuffstein (tofstein), dem Lateinischen entnommen nach „tophus" der „Tuff". Tuffo giallo (gelber Tuff), tuffo bigio (grauer Tuff) nach dem Italienischen.

Bevor ich mich jetzt der Benutzung des Trasses und seiner hohen Fähigkeiten als mörtelbildendes Material zuwende, möchte ich Ihnen in einigen Lichtbildern eine Vorstellung davon geben, wie der Traß bereits zu Römerzeiten unterirdisch im Stollenbau ausgebeutet wurde.

(Der Vortragende bringt hierauf eine Reihe vorzüglich gelungener Lichtbilder zur Darstellung, wie die Alten in den Tuffsteingruben des Neuwieder Beckens (Mittelrhein) den Traß gewannen).

1. Bild zeigt den Stand und die Höhe der Pfeiler. In der oberen Wand war der Eingang der Alten zu den tiefer gelegenen Stollen. Man sieht die Stelle der Gewinnung der Tuffziegel (Mauersteine) in horizontaler Richtung durch vorherige Unterkeilung der Felsschichten.

2. **Bild.** Die gewonnenen Ziegel sind links auf dem Bilde sichtbar. Auch ist noch wahrzunehmen, wie die Alten den Stein gewölbeartig durch Ausfüllung mit Geröllmaterial (Alter Mann) wieder gestützt haben.

Bild 2.

3. **Bild.** Hier ist besonders zu sehen, wie die Alten an den Pfeilerwänden die flachen Ziegel in vertikaler Richtung abgekeilt haben. Die deutlich erkennbaren Keileinsätze liefern hier die Darstellung für das Absprengen der Ziegel (vertikal).

4. **Bild.** (Seite 17.) Eingang von oben in das Bergwerk wie auch auf Bild 1. Beachtenswert ist die leichte Decke, welche Zeugnis davon ablegt, wie waghalsig die Alten ausgebrochen haben und wie weit sie in der Gewinnung gegangen sind. Dieses Bild zeigt auch in charak-

teristischer Weise die Schichtung in den Tuffsteingruben. Oben lagert direkt unter der Humusschicht der Bimssand, dann folgt die Tuffasche und hierauf das massige Tuffgestein; dies kommt bis 20 m, vereinzelt sogar bis 25 m Mächtigkeit vor.

5. Bild. (Seite 19.) Dieses Bild gewährt uns eine besonders lebhafte Vorstellung von dem Grubenbau durch die Alten. Wir sehen eine ganze Reihe stehen gebliebener Pfeiler, darunter dann das massig anstehende Tuffgestein. In der Asche gewahren wir hier wieder verschiedene Eingänge zu den Stollen. Wie Sie sehen, sind bei zwei Pfeilern Meßlatten angebracht, die uns darüber aufklärten, daß der Abstand zwischen den einzelnen Pfeilern etwa 2,00—2,50 m und die Höhe derselben etwa 1,70—2,00 m betrugen.

Als weitere sehr interessante Zeugen dieser Gewinnung des Trasses durch die Alten sind Untersuchungen des bekannten Anthropologen, Professor Schaaffhausen, anzusehen, worüber derselbe mit dem Textworte:

„Auffindung von Spuren ältester Ansiedlung am östlichen Ufer des Laacher Sees“

in den Sitzungsberichten der Verhandlungen des Naturhistorischen Vereins der preußischen Rheinlande und Westfalens vom Jahre 1869 referiert hat.

Er fand dort u. a. in mächtigen Tuffablagerungen unzweifelhafte Stücke römischer terra sigillata und Stücke der gleichen Masse, aus welcher die altgermanischen Aschenurnen der Rheingegend bestehen. Ferner wiesen vorgefundene im frischen Zustande zerschlagene Röhrenknochen des Pferdes darauf hin, daß, wie bekannt, bei unseren Vorfahren der Genuß von Pferdefleisch üblich war. Schaaffhausen erzählt uns dann auch noch von der Entdeckung einer römischen Werkstätte in der Tuffsteingrube des Herrn J. Meurin zu Kretz bei Andernach, welche beim Abräumen einer 30 bis

Bild 3.

40 Fuß hohen Schuttmasse freigelegt wurde. Überall war festzustellen, daß die Römer mit ihren Arbeiten nur bis zur Wasserlinie der Tuffsteinablagerung vorgegangen sind. Dies erklärt sich naturgemäß aus dem Mangel von Wasserhaltungsmaschinen, worüber wir heute, dank unserer stetig fortschreitenden Technik, in so vorzüglicher Art verfügen und wodurch es möglich ist, den Tuffstein fast in seinem ganzen Vorkommen zu gewinnen.

Es dürfte Ihnen erwünscht sein, nun ein weiteres Lichtbild zu produzieren, welches uns den Betrieb einer großen Plaidter Tuffsteingrube zur Jetztzeit, welche Eigentum der Firma Gerhard Herfeldt in Andernach ist, vor Augen führt (6. Bild, Seite 21).

Ein weiteres Bild gibt uns eine ausgezeichnete Vorstellung von der Schichtung des Traßgesteins (7. Bild, Seite 23).

(Hierauf erläutert der Vortragende die einzelnen Schichten des Tuffsteinvorkommens).

Die Lagerungsverhältnisse in den Tuffsteingruben sind folgende. Unter einer Humusschicht von etwa einem halben Meter kommt eine Bimssteinablagerung in etwa 2 m Höhe. Dann folgt die Tuffasche in einer Mächtigkeit, wechselnd von 5 bis 20 m. Vielfach tritt dann auch noch eine Schichtung festerer Asche, die man mit Tauch bezeichnet, auf, und folgt alsdann unter der Wasserlinie das Anstehen des eigentlichen Tuffsteins stellenweise bis zu 25 m Höhe. Das Liegende des Tuffsteins ist durchweg plastischer d. h. tertiärer Ton, sporadisch finden sich auch Bimssteinschichten vor. Diese sind, weil sie Wasser führen, beim Grubenabbau sehr gefürchtet, weshalb auch der unterste Tuffstein selten ausgebeutet wird. Das Vorhandensein von Bimsstein unterstützt wiederum die an früherer Stelle gegebene Entstehungserklärung, und ist anzunehmen, daß die Eruptionen zu verschiedenen Zeiten erfolgten und oft Bimssteinregen denselben voraufgegangen sind. Über das Tuffgestein in den Gruben ist noch zu bemerken, daß dasselbe in den oberen Lagen, wie wir auf dem Bilde sehen, eine gelblichgraue Farbe hat. Diese nimmt mit der zunehmenden Tiefe an Intensivität zu, und hat der unterste Stein eine bläulichgraue Färbung. Mit dieser zunehmenden Färbung ist eine größere Härte des Trasses verbunden, und hat dieser, weil er freier von erdigen Beimengungen ist, eine höhere hydraulische Wirkung. Als eine Erklärung für die hellere Färbung der oberen Tuffsteinlagen kann neben der bereits erwähnten Untermischung mit erdigen Partikeln die Bildung von Eisenoxydhydrat durch die Einwirkung der Grundwasserlinie an-

Bild 4.

genommen werden. Aus diesem Grunde halten auch die Baubehörden streng und mit Recht auf die Befolgung und schreiben dies in den Lieferungsbedingungen auch ausdrücklich vor, daß das gewonnene Traßmehl entsprechend dem natürlichen Grubenvorkommen zur Hälfte etwa aus gelben und aus je einem Viertel grauen und blauen Steinen bestehen müsse. Hieran anschließend dürfte es dann interessieren, daß den Verbrauchern von Traß weitere Handhaben für die Prüfung des angelieferten Trasses zur Verfügung stehen in den vom Deutschen Verbande der Materialprüfungen der Technik, Rüdesheimer Beschlüsse vom Jahre 1900, gegebenen Vorschriften. Dieselben behandeln vorab die hydraulischen Fähigkeiten des Trasses und ferner die Herstellung von Nadelproben und solchen auf Zug- und Druckfestigkeit. Diese Vorschriften wurden nach einigen Abänderungen und wünschenswerten Verschärfungen auf der vorjährigen Tagung des D. V. f. d. M. d. T. in Darmstadt zu Normen erhoben, und harren dieselben seinerzeit der Bestätigung durch den zuständigen Herrn Minister.

Im Anschluß an das letzte Bild möchte ich Ihnen aber auch zugleich einen Beweis dafür liefern, mit welch außerordentlichen Schwierigkeiten der heutige Tuffsteinbetrieb durch die enorme und dadurch kostspielige Wasserhaltung zu kämpfen hat. Wir sehen nämlich hier an den beiden weiteren Darstellungen (8. u. 9. Bild, Seite 25 u. 27) in der bereits bezeichneten Tuffsteingrube der Firma Gerhard Herfeldt die Erbauung einer eigenen Sperrmauer (Talsperre). Inzwischen ist dieses Bauwerk, weil es seine Dienste durch zeitweise Abdämmung gewaltiger Wassermassen erfüllt hat, durch Fortschreiten in dem Grubenaufschluß wieder zugeschüttet worden. Durch die Konstruktion der Sperrmauer, welche ja von unseren bekannten Staudämmen in Rheinland und Westfalen wesentlich abweicht, war es möglich, den Bau in erheblich schwächeren Dimensionen auszuführen.

Die heutige Gewinnung des Tuffsteins geschieht also nur mehr im Tagebau. Der Aufschluß der Tuffsteingruben im Nettetal wird in der Weise vorgenommen, daß die zusammenhängenden Felsmassen des echten Traßgesteins durch

Anbohrung in größeren Blöcken abgesprengt werden. Als Sprengmittel dienen neben dem Schwarzpulver auch die sich inzwischen sehr bewährten anderen Sprengstoffe, wie der Petroklastit der Westfälisch-Anhaltischen Sprengstoff-Aktiengesellschaft in Berlin und der Sprengsalpeter der Vereinigten Köln-Rottweiler Pulverfabriken in Köln. Spreng-

Bild 5.

stoffe etwa wie das Dynamit sind beim Tuffstein unanwendbar, weil dieselben eine zu große Zerstückelung der losgesprengten Massen zur Folge hätten. Die also durch die zuerst bezeichneten Sprengmittel abgelösten Felsstücke werden dann durch Äxte und Keile in kleinere Stücke, etwa $35 \times 20$ cm, zerschlagen. Die auf solche Weise gewonnenen Tuffsteine werden in einzelnen Haufen, sogenannten Arken, zum Trocknen aufgesetzt und gelangen nach völliger Austrocknung entweder in diesem Zustande zum Versand, z. B. an die deutsche Marineverwaltung oder in die mit den Grubenfeldern direkt vereinigten Mühlenbetriebe. In den Mühlen werden die Steine nach geschehener Vorzerkleinerung mittels geeigneter Steinbrecher in Kollergängen oder Kugelmühlen zu feinem Trasse vermahlen. In neuerer Zeit ist man von der Traßmahlung in Kollergängen immer mehr abgekommen, und sind auch in der Tat Kugelmühlen wegen des gleichmäßigen Rückstandes des Mahlgutes und insbesondere auch wegen der geringen Staubentwicklung im Interesse der Arbeiterschaft dafür geeigneter. Mit Vorteil hat man in jüngster Zeit in Verbindung mit diesen Kugelmühlen Windsichter aufgestellt, wie solche von Ihrem Mitglied Herrn August Blümcke und der Maschinenfabrik vorm. Gebrüder Pfeiffer in Kaiserslautern erbaut werden. Diese Windsichter ermöglichen ein Mahlprodukt zu erzielen mit fast jeder beliebigen Feinheit.

Ein besonderer Vorteil bei den mit Windsichtern ausgerüsteten Kugelmühlen ist der gänzliche Fortfall der teueren feinen Siebe.

Ehe ich nun zum letzten Teil meines Vortrages über die Bedeutung des Trasses für den Ingenieur komme, möchte ich Ihnen vorher noch einige Aufnahmen im Lichtbilde zeigen, in welcher Art das gebrochene Tuffgestein auf den Lagern aufgestapelt wird.

(Hierauf erklärt der Vortragende einige gleichfalls sehr gelungene Aufnahmen über Tuffsteinlager der Grubenbetriebe der Firma Gerhard Herfeldt [10., 11. u. 12. Bild, Seite 29, 31 u. 32].)

Die Anwendung des Trasses zum Mörtel reicht in eine unendlich lange Zeit zurück. Ganz exakte Daten aber, bis in welche Periode der Menschheit diese Benutzung zurückgeht, habe ich trotz jahrelangen Forschens nicht zu ermitteln vermocht. Soviel steht aber fest, daß die Römer schon seit langen Zeiten mit den Eigenschaften der Pozzuolane und damit auch des Trasses bekannt waren, und zwar wird uns eine sehr interessante Quelle für diese Annahme in den zehn Büchern über Architektur des alten

Bild 6.
**Tuffstein-Grube**
von Gerhard Herfeldt in Plaidt bei Andernach.

Vitruvius Pollio überliefert. In dem Werke Vitruvii* „De Architectura“ Libri Decem, Liber Secundus heißt es u. a..

„Est etiam genus pulveris quod efficit naturaliter res admirandas. Nascitur in

---

* Bibliotheca Scriptorum Graecorum et Romanorum, Teubneriana, Lipsiae MDCCCXCIX.

regionibus Baianis et in agris municipiorum quae sunt circa Vesuvium montem. Quod com mixtum cum calce et caemento non modo ceteris aedificiis praestat firmitatem, sed etiam moles cum struuntur in mari, sub aqua solidescunt".

Vitruv sagt also:

„Es gibt eine Staubart, welche von Natur wunderbare Dinge hervorruft. Sie kommt in der Gegend von Bajä und in dem Gebiete der Städte, welche um dem Vesuv herum liegen, vor, und verleiht diese in Verbindung mit Kalk und Bruchstein nicht bloß den sonstigen Gebäuden Haltbarkeit, sondern, wenn man auch Dämme im Meere damit baut, so erhalten diese unter dem Wasser hohe Festigkeit."

Hiermit ist erwiesen, daß also die Römer das vorzügliche Produkt schon sehr geschätzt haben. Die Eigenschaften der Pozzuolane, sich mit Calcium-Hydroxyd ($Ca(OH)_2$) unter Zutritt von Wasser zu verbinden und eine steinartige Erhärtung einzugehen, beruht auf ihrem hohen Gehalte an aktionsfähiger Kieselsäure. Diese bildet in einem innigen chemischen Wechselprozesse Calcium-Hydro-Silikate. Der Grund, warum die Pozzuolane bezw. der Traß diese Fähigkeit besitzen, ist die Art ihrer Entstehung. Es ist darauf zurückzuführen, daß die glutflüssig gewesenen Massen der vulkanischen Eruptionen bei der Abkühlung unter Kondensierung der Wasserdämpfe und im Verein mit niedergegangenen gewaltigen Regenmengen erstarrten, also granulierten.

Dies ist ein Vorgang, der sich bei der Erzeugung granulierter Hochofenschlacken vollzieht, die deshalb auch mit Recht als künstliche Pozzuolane angesprochen werden. Hier gestatte ich mir übrigens den Hinweis, daß ich gerade über das Wesen der Erhärtung der Pozzuolane mit Kalk eine

*) Bergtechnischer Ausdruck für in früheren Zeiten bereits ausgebeutete und wieder ausgefüllte Grubenräume.

Bild 7.

**Tuffstein-Grube**

von Gerhard Herfeldt in Plaidt bei Andernach a. Rhein.

Arbeit, auf Veranlassung des verstorbenen Herrn Ministers der öffentlichen Arbeiten, von Budde, im vorigen Jahre geschrieben habe, welche ich als Forscherarbeit dem Deutschen Museum in München widmete. Darin ist durch, auf mikrophotographischem Wege gewonnener Lichtdrucke, denen

Dünnschliffpräparate als Objekte dienten, der Erhärtungsvorgang des Traß-Mörtel illustriert. Es handelt sich um einen alsbald nach der Bereitung solcher Mörtel beginnenden Kristallisationsprozeß, der sich sehr lange Zeit fortsetzt, und worin wohl die größte Gewähr für die Solidität derselben erblickt werden kann.

Wir finden die Anwendung des Traß-Mörtels, wie sie uns von den Römern gelehrt wurde, nun in den verschiedenen Zeitepochen wieder, und bestehen noch eine Reihe Zeugen heute dafür. Ich muß mich aber darauf beschränken, die alten Römerbauten am Rhein, namentlich in Köln und Bonn zu nennen (römische Stadtmauern und Porta paphia in Köln, verschiedene Bauten beim Wichelshof in Bonn); dann auf die Benutzung in fränkischer Zeit hinzuweisen, wofür wir ebenfalls durch Funde in den Gruben, z. B. Kupferhaken und Ohrringe aus einem weißen Metall Beweisstücke haben, des weiteren im Mittelalter, z. B. bei dem alten Bremer Dom aus dem XIII. Jahrhundert. Hierbei sei noch bemerkt, daß in den ersten Jahrhunderten, wie ebenfalls aufgefundene Objekte dartun, auch der hydraulische Tuffstein (Traß) zur Herstellung von Altären und insbesondere von Totensärgen diente.

Für die eigentliche Gründung der Traßindustrie am Rhein sind die Holländer die Veranlassung gewesen. Dadurch ist auch die Benutzung des Trasses als Baustein allmählich eingegangen. Es war dies im Jahre 1682, als ein Bernhard van Santen die erste Traßmühle in Brohl am Rhein baute. Dafür, daß die Holländer indes aus unserer Gegend schon den Tuffstein zur Mörtelbereitung vorher bezogen, möge die Nennung folgender altholländischer Bauwerke bei Enkhuizen unweit Amsterdam angezeigt sein. „De Drommedaris“ (1572) erbaut,

„het Radhuis“ (1600) und „de Koepoort“ (1649). Besondere Beachtung finden diese bis heutigentags vorzüglichst erhaltenen Bauwerke dadurch, daß dieselben im Seewasser stehen. Nun beginnt in ununterbrochener Reihenfolge die Anwendung des Trasses zum Mörtel, und ist wohl der eklatanteste Beweis für die hervorragenden Eigenschaften

**Bild 8.**
**Eine im Bau begriffene Sperrmauer (Talsperre) in der Tuffstein-Grube der Firma Gerhard Herfeldt in Plaidt bei Andernach a. Rhein.**

desselben und seine Bewährung die großartige Ausdehnung seiner Benutzung bis zur Jetztzeit.

Die Vorzüge des Traß-Mörtels sind sehr vielfache. In allererster Linie ist es seine W o h l f e i l h e i t, und verdient solche in unseren gegenwärtigen so schwierigen Zeiten, wo von oberster Stelle an die altpreußische Sparsamkeit so dringlichst gemahnt wird, besondere Würdigung. Weiterhin muß nun seine hohe Dichtigkeit im Verein mit großer Elastizität, seine geringe Schlammbildung, Raumbeständigkeit, Frostbeständigkeit, große Ergiebigkeit und hohes Raummaß des Trasses selbst und u. a. bemerkt werden. Hier sei eingeflochten, daß das Mindestgewicht (lose geschüttet) eines Hektoliters Traß etwa 95 kg und das Höchstgewicht (fest gerüttelt) etwa 115 kg beträgt. Das spezifische Gewicht des Trasses ist mit 2,1 und dasjenige des Traßsteins (Tuffsteins) mit 1,2 bis höchstens 1,3 anzunehmen. Es darf dann nicht unerwähnt bleiben, daß auch der Traß-Mörtel längere Zeit, ohne an seiner Bindekraft zu verlieren, fertig gemischt, lagern kann. Besonders auch diese Eigenschaft weiß der Techniker am besten zu schätzen. Schließlich möchte ich noch kurz auf das indifferente Verhalten des Trasses aufmerksam machen, darin, daß derselbe bei feuchter oder gar nasser Lagerung gleichfalls nichts an seiner Güte einbüßt. Selbst Traßmehl, welches monatelang im Seewasser gelegen hatte, unterschied sich in seiner Bindefähigkeit durch nichts gegenüber frischem bezw. trockenem Trasse. Die Schwierigkeit in der Anwendung des feuchten oder nassen Trasses liegt nur in der umständlicheren Vermischung mit den übrigen Materialien.

Einer unserer bedeutendsten Wasserbau-Ingenieure der letzten Zeit ist Geheimrat Intze gewesen, der uns leider viel zu früh entrissen wurde. Durch seine in der Talsperrenidee so mächtig entfaltete schöpferische Kraft ist er sehr bald auf die eminenten Vorzüge des Traßmörtels beim Talsperrenbau (unübertreffliche Dichte und großes Elastizitätsvermögen) gekommen, und ist dies dann auch die Veranlassung dafür gewesen, daß zu unseren sämtlichen rheinischen und westfälischen Sperren ausschließlich reiner Traß-Kalkmörtel zu den Sperrmauern benutzt wurde und fortwährend angewendet wird. In denjenigen Fällen, wo es sich um Talsperren handelt, die fernab von den Lagerstätten des Trasses zu erstellen waren, z. B. in Schlesien und Böhmen, schrieb Intze die Verwendung eines kombinierten Zement- und Traß-

Bild 9.
Eine im Bau begriffene Sperrmauer (Talsperre) in der Tuffstein-Grube der Firma Gerhard Herfeldt in Plaidt bei Andernach a. Rhein.

Mörtels vor. In einem Werke, welches der Meister aus Anlaß der Weltausstellung in St. Louis 1904 für die deutsche Regierung schrieb, berichtete er über Talsperrenanlagen in Rheinland und Westfalen, Schlesien und Böhmen über die Mischung von Zement- und Traß-Mörtel auf Seite 26 folgendes:

„Die Mischung von Zement- und Traßmörtel zeigt noch immer zum großen Teil die vorteilhaften elastischen Eigenschaften des Traßmörtels, während die Dichtigkeit desselben und auch die Festigkeit größer sind als bei Anwendung reinen Zementmörtels."

Geheimer Oberbaurat Dr. ing. Sympher, vortragender Rat im Ministerium der öffentlichen Arbeiten, gleichfalls eine erste Autorität auf dem Gebiete des praktischen Wasserbaues, äußerte sich in einer Rede auf dem Schinkelfest des Architektenvereins in Berlin 1907 bei dem Thema „Der Talsperrenbau in Deutschland" u. a. über die Eigenschaften des Traß-Kalk-Mörtels wie des Traß-Zement-Mörtels:

„Sehr gut haben sich Traß-Kalk-Mörtel bewährt, die in der letzten Zeit meist im Mischungsverhältnis von 1 Rtl. Fettkalk, $1\frac{1}{2}$ Rtl. Traß und $1\frac{3}{4}$ Rtl. Sand gemischt wurden. Der Traß-Kalk-Mörtel hat den Vorzug vor dem reinen Wasserkalk, daß er durch Schwitzwasser nicht so leicht ausgelaugt wird, vor Zementmörtel, daß er langsamer abbindet, bei geringerer Lockerung nach dem ursprünglichen Verlegen innerhalb einiger Zeit, doch wieder anhaftet und fest wird, sowie der Mauer eine größere Elastizität verleiht, wenn sie später unter dem Einflusse des wechselnden Wasserdrucks und der Wärmeschwankungen Bewegungen unterliegt."

Geheimrat Sympher verbreitet sich des weiteren dann über die eventl. zweckmäßige Zumischung des Trasses zum

Zementmörtel nach Michaëlis, dort, wo schnelleres Abbinden erforderlich sei. Er weist darauf hin, daß durch die Traßbeimischung der Mörtel geschmeidiger und vielfach auch billiger gemacht werden kann.

An einer späteren Stelle rühmt Geheimrat S. auch noch die guten Eigenschaften des Traßmörtels bei winterlichen

Bild 10.

Unterbrechungen, und bemerkte er, daß sich bei guter Abdeckung und Reinigung der Oberfläche vor Wiederaufnahme der Mauerarbeiten später die Winterfuge nicht mehr erkennen ließe.

Die Zusammensetzung des Traßmörtels für Talsperrenbauten geschieht jetzt einheitlich mit $1^1/_2$ Rtl. Traß, 1 Rtl. Fettkalkteig, $1^3/_4$ Rtl. Sand.

Bestrebungen aus neuester Zeit, an Stelle des Trasses auch zu den jetzigen Bauten Ziegelmehl oder kieselsäurereiche saure Schlacken aus der Roheisenerzeugung bezw. aus der Puddel- und Stahleisengewinnung zu verwenden, sind zwar wissenschaftlich dankenswert; dieselben können jedoch für die Praxis keine Bedeutung erlangen. Gegen die Anwendung von Ziegelmehl wie auch solche der Schlacken als künstliche Pozzuolane spricht die Tatsache, daß beide Materialien den mannigfachsten Verhältnissen in ihrer Zusammensetzung unterworfen sind. Je nach dem Grade der Sinterung wechseln ihre chemischen Bestandteile. Der Traß dagegen muß als das Produkt einer vollständig homogenen Gesteinsart gelten, worunter selbstverständlich nur das echte Tuffgestein, unter der Grundwasserlinie felsartig in mächtigen Ablagerungen im Nettetal vorkommend, anzusehen ist. Ich möchte deshalb an dieser Stelle davor warnen, lediglich aus Laboratoriumsproben Schlüsse zu ziehen mit so unübersehbaren Zielen, den altbewährten Traß als ein reines Naturprodukt durch künstlich erzeugte Stoffe, wie Ziegel- und Schlackenmehl, verdrängen oder doch wenigstens seine Anwendung einschränken zu wollen.

Die zweite Gebrauchsart des Trasses neben solcher des reinen Traß-Kalk-Mörtels hat uns zur Hauptsache, von vereinzelten früheren Verwendungsfällen abgesehen, der bekannte Forscher Dr. W. Michaëlis sen., Berlin, gelehrt. Es ist solche, wo der Traß als Zusatz oder teilweiser Ersatz in Verbindung mit Zement angewendet wird. Hierdurch wird nach den vieljährigen Untersuchungen von Michaëlis der überschüssige im Zementmörtel nicht an Silikate gebundene Kalk, welcher in dem Erhärtungsprozeß in kristallinischer Form ausgeschieden wird, durch die hydratische Kieselsäure des Trasses chemisch aufgenommen. Der Zementmörtel wird durch den Zusatz von Traß dichter und elastischer, und erlangt im Laufe einer längeren Erhärtungsdauer größere Festigkeit. Es ist auch durch mehrfache Fälle aus der Praxis erwiesen, daß infolge der erhöhten Dichtigkeit durch Zusatz von Traß zum Zementmörtel, solche Mörtel eine bedeutend größere Widerstandsfähigkeit gegenüber säurehaltigen Wässern und dem

Bild 11.

Meerwasser erlangen. Ferner besitzt man in diesen Zement-Traßmörteln ein prophylaktisches Mittel gegen die unschönen Ausblühungen und mehr noch gegen die gefürchteten Rissebildungen fetter Zementmörtel.

M. E. ist eben diese Vereinigung von Zement und Traß als Mörtelfaktoren schließlich dazu berufen, in der heute so bedeutsamen Eisenbetonfrage eine große Rolle zu spielen. Durch das damit erzielte plastischere und auch dichtere Gemisch wird neben einer hohen Elastizitätsfähigkeit die größere Adhäsionskraft durch die vermehrte Lagerung der Moleküle zum Eisen wertvoll sein. Des weiteren dann ist die vorzügliche Einbettung des Eisens eine hohe Gewähr für eine völlige Rostfreiheit desselben auch für die fernsten Zeiten. Der Schutz gegen die Einwirkung des Feuers ist ebenfalls durch den dichten Abschluß ein größerer. Auch glaube ich, soweit allerdings vorläufig nur einige empirische Versuche von mir erkennen lassen, daß durch die Zusammenmischung von Traß und Zement beim Eisenbeton der Ausdehnungskoëffizient des Mörtels zum Eisen näher gebracht wird. Es würde deshalb eine dankbare Aufgabe sein, wenn z. B. die öffentlichen Materialprüfungsanstalten dieser Frage eine größere Aufmerksamkeit wie bisher angedeihen ließen. Es ist klar, daß der Traßzusatz nicht höher zu normieren ist, als wie er sich in chemischer Beziehung in dem Zement betätigen kann. Ein Überschuß von Traß würde nicht allein die Erhärtung zu sehr verlangsamen, sondern auch ohne Einfluß bleiben, d. h. nur als Sand wirken.

In reinem Traß-Kalk-Mörtel werden seit langen Zeiten folgende besonderen Tiefbauten ausgeführt:

Trockendocks, Kaimauern, Schleusen, Häfen, Kanäle, Talsperren usw., sei es in Mauerwerk oder Beton. Bei Hochbauten hat der Traß zur Hauptsache den Zweck, den reinen Kalkmörtel zu verbessern, und ist man durch den Traßzusatz in der Lage, jegliche Kalkart, sei es Fettkalk (Luftkalk), sei es hydraulischer Kalk (Magerkalk) oder dolomitischer Kalk, zu verwenden. Nämlich es bilden sich dann durch die Kieselsäure des Trasses kieselsaure Kalkverbindungen oder

Calciumsilikate ($CaSiO_3$), an Stelle des sich bei reinen Fettkalken vollziehenden Vorgangs, wo die Luftkohlensäure den Löschkalk ($Ca(OH)_2$) in seine Urform als kohlensauren Kalk ($CaCO_3$) zurückbildet. Alle von uns wissen wohl, wie gefährlich und ungesund zugleich es ist, daß Mauerkörper lange ihre Feuchtigkeit behalten neben geringer Festigkeit. Dies beruht darauf, daß das Kohlendioxyd ($CO_2$) bei verwendetem

Bild 12.

Fettkalkmörtel nur die äußeren Teile umzubilden vermag, während der Kalk im Innern des Mauerwerks untätig und morsch bleibt. Selbst jahrhundertelanges Lagern, wie dies an den alten Bauwerken häufiger gefunden wurde, ändert an dieser verderblichen Erscheinung nichts.

Nun glaube ich aber, meine Herren, daß ich Ihre Aufmerksamkeit, wofür ich zugleich vielmals danke, bisher schon sehr in Anspruch genommen habe, daß ich mich am Ende meines Vortrages darauf beschränken kann, Ihnen eine Reihe bewährter Mischungsverhältnisse sowohl des reinen Traß-Kalk-Mörtels wie des Zement-Traß-Mörtels anzugeben.

Grundsätzlich ist zunächst, namentlich beim reinen Traß-Kalk-Mörtel, auf eine innigste Vermischung Obacht zu geben, weil sich doch der Traß und Kalk zusammen erst in einem weiteren Erhärtungsprozesse zu einem Körper bilden, den der Zement in seiner Zusammensetzung allein darstellt. Die Materialien Traß und Kalk sind in den jeweiligen Mischungsverhältnissen vor dem Zusetzen des Sandes trocken bis zu einer gleichmäßigen Farbe zu vermengen, so daß keinerlei kalkige Streifen mehr vorhanden sind. Alsdann werden Sand und schließlich das noch erforderliche Wasser zugesetzt. Hiernach ist mit den Gesamtmaterialien nochmals eine gehörige Vermischung vorzunehmen.

Geeignete Mischmaschinen, z. B. solche der Maschinenfabrik Gauhe, Gockel & Co., Oberlahnstein, ferner der Firmen Bünger & Leyrer in Düsseldorf und Alfred Kuntze & Co. in Kempten, Bayern, liefern vorzügliches Mörtelmaterial. In den Fällen, wo der Traß in Stücken, also als Tuffstein zum Versand kommt, wird derselbe auf den Baustellen, nachdem er auf Walnußgröße in Steinbrechern zerstückelt, in Kollergängen (Broyeurs) gemahlen und zugleich mit Kalk und Sand zum fertigen Mörtel verarbeitet. Mit dieser Methode hat man bei großen Bauausführungen (z. B. beim Nord-Ostseekanal, bei Trockendockbauten in Kiel und Wilhelmshaven, sowie den umfangreichen Hafenbauten in Belgien) allenthalben vorzügliche Erfahrungen gemacht, und wird durch dieses Verfahren das Tuffsteinmahlen erspart. Es ist ja auch ganz naturgemäß, daß das gleichzeitige Mahlen und Mischen die allerinnigste Vermengung der auf sich gegenseitig wirkenden Teilchen zur Folge haben muß. In den Broyeurs ist darauf zu achten, daß durch geeignete Wurfschaufeln und Schutzbleche in der Mitte und an den Rändern des Laufstellers etwaige überspringende Tuffsteinstücke immer wieder unter die schweren Koller gebracht werden.

## I. Traß-Kalk-Mörtel.

Mischung nach Raumteilen.

a) für Bauten unter Wasser, bei welchen vollständige Dichtigkeit gefordert wird:

| 1. bei Fettkalkteig: | | | 2. Fettkalkpulver: | | |
|---|---|---|---|---|---|
| Traß | Kalk | Sand | Traß | Kalk | Sand |
| 1 | : $^2/_3$—1 | : 1—$1^1/_4$ | 1 | : 1—$1^1/_2$ | : 1—$1^1/_4$ |

b) für Bauten über Wasser, also Trockenmauerwerk, welches ziemlich rasch erhärten soll:

| 1. bei Fettkalkteig: | | | 2. Fettkalkpulver: | | |
|---|---|---|---|---|---|
| Traß | Kalk | Sand | Traß | Kalk | Sand |
| $1^1/_4$—$1^1/_2$ | : 1 | : $1^1/_2$—$2^1/_2$ | $1^1/_4$—$1^1/_2$ | : $1^1/_2$—$1^3/_4$ | : $1^1/_2$—$2^1/_2$ |

c) für Trockenmauerwerk, welches längere Zeit erhärten kann, bezw. das Zeit zu längerer Erhärtung hat:

| 1. bei Fettkalkteig: | | | 2. Fettkalkpulver: | | |
|---|---|---|---|---|---|
| Traß | Kalk | Sand | Traß | Kalk | Sand |
| 1 | : 2 | : 3—5 | 1 | : 3 | : 3—5 |

d) für Verputzarbeiten (außen)*):

| 1. bei Fettkalkteig: | | | 2. Fettkalkpulver: | | |
|---|---|---|---|---|---|
| Traß | Kalk | Sand | Traß | Kalk | Sand |
| $1^1/_4$ : | 1 : | $2^1/_2$—$3^1/_2$ | $1^1/_4$ : | $1^1/_2$ : | $2^1/_2$—$3^1/_2$ |

Bei Betons richtet sich der Zuschlag an Kies oder Schotter nach dem beanspruchten Druck und den Erfordernissen für Dichtigkeit usw. Dichte Betons sind mit einem Überschusse der Kittmasse (des Mörtels) von 20 bis 25 % über seinen Hohlräumen vorzusehen. Im allgemeinen schwankt der Kies- oder Schotterzusatz bei Traßmörteln je nach Notwendigkeit zwischen 4 bis 12 Raumteilen.

Die Beschaffenheit des Sandes spielt gleichfalls beim Traßmörtel, wie bei allen anderen Mörteln, eine Rolle. Scharfem und reinem Sande ist stets der Vorzug einzuräumen.

Je höher die Wertigkeit des Kalkes reicht, um so vorteilhafter sind auch die Gesamteigenschaften des Traßmörtels. Bei Weißkalken richtet sich die Bewertung nach dem Grade an $CaO$, bei hydraulischen Kalken nach dem Grade der eigenen hydraulen Faktoren. Diese sind bei spezifischen hydraulischen Kalken Kieselsäure, Eisenoxyd und Tonerde, bei dolomitischen Kalken die Magnesia. In jedem Falle ist sorgfältig auf eine vollständige Ablöschung des gebrannten Kalkes zu Calcium-Hydroxyd zu achten, sei es in Pulver- oder Teigform. Bei Pulverkalken ist es empfehlenswert, die gröberen Rückstände abzusieben, weil solche zumeist aus mangelhaft oder ungelöschten Teilchen bestehen.

---

*) Für Innenputze können fettere Mischungen gewählt werden: bei gleichen Traß- und Kalkzusätzen = $1^1/_2$—$2^1/_2$ Sand.

In den Fällen, wo es sich um Seewasserbauten handelt, ist besonders darauf zu sehen, daß jeder Kalküberschuß vermieden, anderseits aber dennoch ein dichter Mörtel genommen wird, welcher die beste Prophylaxis für eine Zerstörung durch die Salze der See bietet.

## II. Zement-Traß-Mörtel.

Hier ist einleitend zu bemerken, worauf ich auch übrigens schon bei dem Kapitel Eisenbeton aufmerksam gemacht habe, daß der Traßzusatz nicht höher genommen werden soll, als wie derselbe in Wechselwirkung mit dem freien Kalk des Zementes treten kann. Vielfach dahinzielende Versuche von mir ergaben, daß ein Maximalzusatz von Traß von 0,7 Raumteilen auf 1 Raumteil Zement die günstigsten Ergebnisse lieferte. Daraus folgt, daß eine weitere Erhöhung des Traßzusatzes einflußlos bleibt und nur als Sand allerdings, weil das Traßmehl fein gemahlen ist, zugleich verdichtend wirkt. In Fällen, wo zur Erhöhung der Dichtigkeit noch Löschkalk zugesetzt wird, soll naturgemäß die Traßmenge entsprechend vermehrt werden.

Bei der Mischung von Zement und Traß, welche sich gegenseitig ergänzen sollen, ist zu besorgen, daß dieselben vor dem Sandzusatze trocken gleichmäßig zu vermengen sind. Auch ist hier, wie beim reinen Traß-Kalk-Mörtel, darauf zu achten, daß nachher die Gesamtmenge nochmals eine gründliche Durcharbeitung erfährt, wie dies übrigens auch beim reinen Zementmörtel vonnöten ist. Die entstehenden Mehrkosten durch das erforderliche Trockenmischen von Zement und Traß sind verschwindend gering im Hinblick darauf, daß der Preis für Traß durchweg nur ein Drittel desjenigen für Zement beträgt.

Über die bereits angewendeten Mischungsverhältnisse von Zement-Traß-Mörtel möchte ich hier die Praxis sprechen lassen.

1. Hafenbauten:

1 Raumteil Zement
$^3/_4$—1 Raumteil Traß
4—5 Raumteile Sand.

2. Schleusen- und Kaibauten, je nach Erfordernis der Anfangserhärtung:

1 Raumteil Zement
$^3/_4$—1 Raumteil Traß
$2^1/_2$—4 Raumteile Sand.

3. Kanalbauten:

1 Raumteil Traß
$^2/_3$—1 Raumteil Zement
4—5 Raumteile Sand.

Bei Betons wechselt, wie beim reinen Traß-Kalk-Mörtel, das Steinzuschlagsmaterial je nach Zweck und Notwendigkeit von 7 bis 14 Raumteilen.

Für den Eisen-Beton-Bau liegen auch bereits eine Reihe praktischer Erfahrungen mit dem Zement-Traß-Mörtel, bezw. Zement-Traß-Kalk-Mörtel vor. Ich möchte hier auf einige zurzeit in der Erstellung begriffene große Bauwerke im Meer hinweisen. Es handelt sich um Kai- und Molenbauten der Kaiserlichen Werft in Wilhelmshaven.

a) untere Mauer zwischen den Spundwänden, unter Einbauung größerer Eisenteile zur Aufnahme der Zugspannungen.

1. unterer Teil unter Wasser geschüttet:

2 Raumteile Traßmehl
1 Raumteil Kalkteig
2 Raumteile Zement
6 Raumteile Sand
zu 11,5 Raumteilen Kies =
(0,467 Mörtel zu 0,785 Kies).

2. oberer Teil im Trocknen gestampft:

1½ Raumteile Traßmehl
0,75 Raumteile Kalkteig
1 Raumteil Zement
4 Raumteile Sand
zu 11,5 Raumteilen Kies =
(0,40 Mörtel zu 0,92 Kies).

b) Eisenbeton-Pfähle:

0,50 Raumteile Traßmehl
1 Raumteil Zement
3 Raumteile Sand
4 Raumteile Kies =
(0,467 Mörtel zu 0,784 Kies).

c) obere Mauer aus Eisenbeton:

0,50 Raumteile Traßmehl
1 Raumteil Zement
2,5 Raumteile Sand
6 Raumteile Kies, gesiebt, =
(0,40 Mörtel zu 0,92 Kies).

Die Eisenbetonpfähle wurden in stehenden Formen gestampft und haben sich beim Rammen, das mit Hilfe von Druckwasserspülung geschah, vorzüglich bewährt. Wie man überhaupt mit dem Traß-Zement- bezw. Traß-Zement-Kalk-Mörtel nur die allerbesten Erfahrungen gemacht hat, namentlich auch hinsichtlich der Anfangserhärtung.

Für die Wasserspülung war in dem Pfahl ein eisernes Rohr einbetoniert, durch welches das Druckwasser unten in den Seiten der Schneide austrat. Um das Rammen zu erleichtern, wurde vorher, sobald der Pfahl zum Rammen gestellt war, mit einem langen Rohr mittels Druckwasser gewissermaßen ein Loch in den Untergrund aus feinem Sand gebohrt, ein Verfahren, das sich ebenfalls sehr bewährt hat.

Ich schließe nun mit dem Wunsche, daß meine Ausführungen dazu beitragen möchten, insbesondere auch durch die spätere Publikation derselben in der Zeitschrift unseres Vereins, daß dem alten und bewährten Trasse dadurch noch weitere Freunde zugeführt werden.

(Hierauf gab die zahlreich besuchte Versammlung unter lauten Beifallskundgebungen ihrer hohen Befriedigung über den Vortrag Ausdruck, und stellte der Vorsitzende dann die Ausführungen des Vortragenden zur Diskussion. Diese verlief unter regster Anteilnahme aus den Kreisen der Zuhörer im Austausch mit dem Vortragenden. Zum Schlusse sprach der Vorsitzende, Herr Zivil-Ingenieur Ernst Helmrath, dem Vortragenden den Dank des Vereins in längeren verbindlichen Worten aus und hob insbesondere die große Bedeutung der Materie für die Ingenieurkreise hervor, worauf abermals lebhafter und andauernder Beifall aus der Versammlung laut wurde).

GPSR Compliance

*The European Union's (EU) General Product Safety Regulation (GPSR) is a set of rules that requires consumer products to be safe and our obligations to ensure this.*

*If you have any concerns about our products, you can contact us on ProductSafety@springernature.com*

In case Publisher is established outside the EU, the EU authorized representative is:

Springer Nature Customer Service Center GmbH
Europaplatz 3
69115 Heidelberg, Germany

**Batch number: 10684220**

Printed by Printforce, the Netherlands